ウイルス・感染症と
「新型コロナ」後のわたしたちの生活 ❷

人類の知恵と 勇気を見よう!

監修／山本太郎 長崎大学熱帯医学研究所国際保健学分野教授
著／稲葉茂勝 子どもジャーナリスト Journalist for Children

はじめに

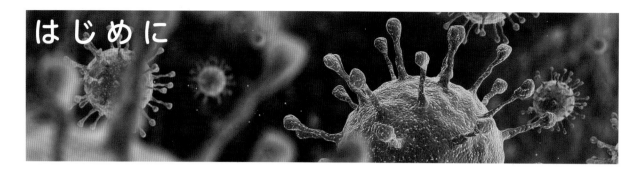

2020年夏、世界中が新型コロナウイルス感染症のパンデミック（世界的大流行）の真っ只中となりました。8月11日には、世界全体の感染者数は2000万人をこえました。その後も増加しつづけています。

このシリーズの①『人類の歴史から考える！』では、人類が太古の昔から感染症にいためつけられ、隆盛をほこっていた文明がほろんでしまったことなどを見てきました。

一方、人類は感染症とのたたかいから多くを学び、生物学、医学、薬学などをどんどん進歩させてきました。顕微鏡の進歩が病原体である細菌やウイルスの発見をもたらし、さらに、感染症にかかる前に予防する方法まで生みだし、ワクチンも開発できるようになりました。

そこで、この②『人類の知恵と勇気を見よう！』では、人類が感染症を克服するためにどれほどの知恵と勇気をふりしぼってきたかを見ていくことにします。

しかし、2020年の新型コロナウイルスは非常に強敵です。これまでのようなたたかい方では、人類は負けてしまいそう！　そこで人類が打った手は、マスク、手洗い、ソーシャル・ディスタンス。「ソーシャル・ディスタンス」の方法として、日本では「3密」（3つの密＝密閉、密集、密接）をさけることが求められました。きわめつけが、これまでの人びととの価値観をかえること。産業革命以来、人類が進めてきた大量生産・大量消費の社会をかえることで、感染症の感染拡大をおさえようとしたのです。これまで大量生産・大量消費の社会を維持するために地球上を「開発」することばかりを求めてきた人類も、「開発」を続ければ、新型コロナウイルス感染症のような新しい感染症がこれからも出てくる可能性が高いと気づいたのです。

8月下旬、いつもの夏なら子どもたちは夏休みの宿題に追われているころです。しかし、感染拡大防止のために休校になった1学期分を挽回しようと、学校がはじまりました。ただ、以前のような学校ではありません。全員がマスクをつけ、「3密」をさけての授業でした。

このシリーズは、こうしたなかで「わたしたちにできることは何か？」を考える本として企画しました。「わたしたちにできること」、それは、一言でいうと、「正しい知識をもつこと」。感染症について、しっかり学ぶことです。そのためにわたしたちは、この巻で、ウイルスの発見・病原体の研究も、ワクチンや薬の開発も、人類の知恵と勇気を結集して実現されてきた事実をまとめました。

みなさんにはこの本で感染症についての正しい知識を身につけてもらい、正しくこわがり、いっしょに感染症とたたかってもらいたい！　なお、シリーズの構成は、次のとおりです。

『ウイルス・感染症と「新型コロナ」後のわたしたちの生活』

子どもジャーナリスト
Journalist for Children　稲葉茂勝

もくじ

1 生物と感染症

感染症を引きおこすウイルスは、人類誕生の
はるか昔から地球上に存在していました。
そして、今にいたるまで人類を苦しめています。

ヒトと動物

現代、地球上では人類と野生の動物は別べつ
にくらしています。このため動物が感染症を引
きおこす病原体をもっていても、直接ヒトに感
染させることは、ふつうはありません。

ところが、インフルエンザに感染した豚から
ヒトへ、そして、ヒトからヒトへと感染する「新
型インフルエンザ」が、2009年にパンデミック
（世界的大流行）を引きおこしました。

また、2020年現在、パンデミックとなり、人
類を恐怖におとしこんでいる新型コロナウイル
ス感染症（COVID-19、以下「新型コロナ」と
記す）も、野生のコウモリからヒトに感染した

ことに端を発したと考えられています。

野生動物のすむ深い森には、未知のウイルスが
ひそんでいるかもしれない。

もっとくわしく

コロナウイルス

ヒトに感染するコロナウイルスには、ふつうのかぜを
引きおこす4種類のウイルスと、重症肺炎を引きおこす
2種類のウイルスが知られていた。2020年の新型コロナ
ウイルスは、ヒトに感染することが確認された7つ目のコ
ロナウイルスということになる。

「コロナ」という名前は、ウイルスの形が王冠に似てい
ることから、ラテン語で王冠を意味する言葉 corona か
らつけられた。

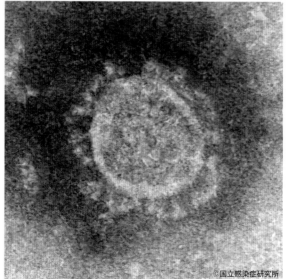

新型コロナウイルスの顕微鏡画像。

©国立感染症研究所

人類は、地球上の
すみずみにいたるまで、
「開発」を進めています。このことは、
人類がこれまで別にくらしてきた
動物や植物に接近することを
意味しています。結果、人類が
出あったことのない感染症が
あらわれてきたのです。

©iStock USO

新しい感染症

　新型コロナは、人類にとってまったく新しい感染症です。そのため、実態がよくわかっていません。症状もさまざまです。もちろん、治療薬もまだありません。予防のためのワクチン（→p22）もありません。マスクをする、手洗いを徹底する、人と人との距離をとる（ソーシャルディスタンス）、それら以外、新型コロナを防ぐ方法がまだ見つかっていません。

　2020年夏、毎日、世界中で20万人をこえる人びとが新たに新型コロナに感染し、4000〜6000人もの人が死んでいます。

　昔なら感染症が流行すると、妖怪や魔女のしわざだと思われたこともありました。でも、今では、人類のほとんどが感染症を引きおこす病原体の存在を知っています。だから、妖怪などと思うことはなくなりました。ところが、新型コロナは人間のからだのあちこちに悪さをします。でも、どこにどのような悪さをするかは、まだはっきりわかっていません。まるで妖怪のようです！

人類の知恵と勇気

紀元前5世紀ごろのギリシャ時代には、ペストから回復した人がペスト患者の世話をしても、再びペストにかからないことがわかっていました。これは「2度なし現象」とよばれていましたが、今でいう「免疫」のことです。ペスト患者をよく観察した結果わかったことです。観察には勇気が必要でした。

ペスト菌は、1894年に北里柴三郎とイェルサン（→p17）が、当時大流行していた香港で発見しました。でも、その際のペストの調査では、日本の医師3名が感染し、そのうち1名が亡くなりました。彼らの勇気ある行動がきっかけとなり、その後ペストの流行をくいとめることができるようになりました。

現在、人類は、病原体には細菌、真菌、寄生虫、そしてウイルスがあることを知っています。

でも、それがわかったのは、比較的最近のことでした（→p20-21）。

世界人口の3分の1にあたる6億人が感染したスペインかぜ（→シリーズ1巻）のパンデミックが、1918年に発生。それから100年たって、今回の新型コロナのパンデミックが起きました。

この100年のあいだに、人類はどんどん知恵をつけてきたのです。今回の新型コロナウイルスの仲間であるコロナウイルスが発見されたのも、その中間の1964年、東京オリンピックが開かれた年のことでした。

このように、人類は近年、感染症に負けない知恵を急速につけてきています。だから、スペインかぜのときのように、世界人口の3分の1が新型コロナに感染するようなことにはならないように努力をしています。

1975年にアメリカで流行が懸念された豚由来のインフルエンザのワクチン開発のようす。
©CDC/ Katherine Lord

感染症とのたたかいから得たもの

　このシリーズでは、①『人類の歴史から考える！』でくわしく見てきたとおり、人類は太古の昔から感染症にいためつけられてきました。隆盛をほこっていた文明までが、感染症によりほろんでしまったこともありました。

　一方、人類は、感染症とのたたかいからさまざまなことを学んできました。たとえば、次のようなことです。

・下水道が感染症のまん延を防ぐのに役立つことを知り、トイレや下水道を発達させた（→p8）。
・感染症の患者を隔離する施設をつくり、その後、病院とよばれる施設を生みだした（→p12）。
・そもそも感染症の原因が、病原体（細菌やウ

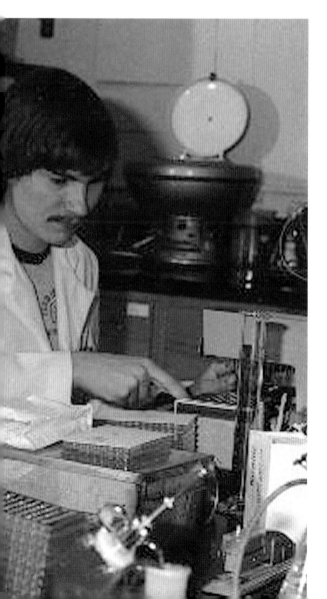

イルス）であることをつきとめた（→p14）。
・感染症にかかる前に予防する方法であるワクチンも開発した（→p22）。
・病原体をやっつける薬を発明した（→p23）。

　このように人類は生物学、医学、薬学などをどんどん進歩させましたが、それは感染症とたたかってきたことによる成果だといえます。顕微鏡も、病原体とのたたかいのなかで、進歩してきたのです（→p18）。

新型コロナとのたたかい

　2020年、人類は新型コロナとのたたかいの真っ最中。そうしたなか、人類は、これまでのようなくらし方をしていたのでは新型コロナにどんどんやられてしまうことに気づきました。人びとの働き方も消費の仕方も、これまでのようにやっていてはダメだと考えるようになりました。

　人類は新型コロナとのたたかいから学び、産業革命以来、人類が進めてきた大量生産・大量消費の社会をかえようとしているのです。

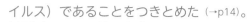

人類はこれまで、大量生産・大量消費の社会を維持するために、地球上を「開発」しまくりました。でも、そうした「開発」により、新型コロナをはじめとする新たな感染症が出現してきました。これからも同じように「開発」を続けていけば、また新しい感染症が出現するかもしれない。今、人類はそう気づいたのです。

下水道・トイレと感染症

人類には、大昔からトイレ文化がありました。しかも、今と同じような
水洗トイレが古代からつかわれていたのには、おどろかされます。

世界最古のトイレは水洗式

西アジアのチグリス・ユーフラテス川流域では、紀元前7000年ごろには、それまで狩猟や採集の生活を送っていた人類が、牧畜と農耕をはじめていたと考えられています。紀元前3000年ごろ、シュメール人があらわれて「メソポタミア文明」をきずきました。かれらは、数学、暦法、天文、農学など、非常に高い知識と技術をもっていました。水洗トイレもありました。糞尿（大便や小便）は水路（下水道）を通って川に流されるようになっていました。

水洗トイレは、メソポタミア文明におくれておこった「インダス文明」（インダス川流域を中心に栄えた古代文明）にも見られました。1921年に発見されたパンジャブ地方のハラッパー遺跡や、その翌年に発見されたシンド地方のモヘンジョ・ダロ遺跡（どちらも現在のパキスタン内）で見ることができます。

じつは、こうしたトイレや下水道は、糞尿で不衛生になって感染症が発生するのを防ぐ役割をはたしていたのです。

モヘンジョ・ダロ遺跡から発見されたこの水洗トイレは、レンガをいすのような形に組んでつくられた、現代のこしかけ式トイレに似たもの。その下には水路がつくられていて川につながっていた。糞尿は川へ流されるようになっていたと考えられている。

古代ローマでは

　古代ローマでも、下水道の技術は高く、トイレが発達していました。公衆トイレもつくられ、紀元の前後ごろには、1000か所以上もあったといわれています。

　当時の下水道は、公衆浴場や公衆トイレだけでなく、市民のすまいにもつながっていて、汚水が下水道を通って川へと流されるようになっていました。

　ところが5世紀ごろ、西ローマ帝国が滅亡すると、古代ローマ時代から続いたトイレ文化は、その後消えてしまったのです。その理由はよくわかっていま

古代ローマの公衆トイレ。便座の下には常に水が流れているという水洗式トイレだった。

古代ローマではトイレットペーパーのかわりに棒の先にスポンジがついた器具がつかわれていたとされる。

せんが、1つには、都市に人口が集中しすぎたため、それまでの下水道では大量の汚物を流しさることができなくなったからだと考えられています（→p10）。

② 人口過密で不衛生なまち

中世のヨーロッパの都市では、石畳の道路の中央を低くして
みぞをつくり、雨水や排水を流していました。
ところが……。

下水道と感染症

　中世になると、感染症の大流行によって下水道が発達していきます。

　ヨーロッパでは、時代が進むとともに都市人口が増加していきました。すると、フランスのパリやイギリスのロンドンなどでは、糞尿を窓から外にばらまく人が多くなり、衛生状態がどんどん悪くなってしまったのです。その結果、ペストやコレラなどの感染症がまん延するようになりました。

　1350年ごろ、ヨーロッパでペストが大流行します。すると、衛生状態の改善のため、パリに下水道がつくられました（1370年ごろ）。さらに1740年ごろには、パリに「環状大下水道」が完成しました。

　一方、1848年にコレラが大流行したロンドンでも1856年から下水道工事がはじまり、1863年に完成します。

　なお、その後パリでは、1880年代にチフスが大流行したことから下水道の大幅な改造がおこなわれました。

ロンドンのテムズ川の水でつくったスープをのぞくと、ばい菌がたくさんひそんでいることを表現した、19世紀に描かれた絵（彩色銅版画）。

産業革命後の都市人口の急増

　18世紀中ごろ、イギリスで産業革命が起こると、人口の都市集中はさらに加速します。それとともに労働環境や生活環境が悪化して、貧困と不健康な状態が深刻な社会問題になりました。そして感染症、とくに結核が大流行しました。

　結核は、紀元前の古代エジプト文明や古代メソポタミア文明でも見られましたが（→シリーズ1巻）、その後数千年を経て、とくに産業革命以降は人類の生活が大きくかわったことにより、流行はけたちがいに拡大しました。

　1830年ごろには、ロンドンでは結核により5人に1人が亡くなるほどになりました。また、17世紀から19世紀にかけて、ヨーロッパ・北アメリカの死因の2割が結核によるものだったといわれています。

　ところが、人類はそうしたなかでも結核とたたかいつづけました。結果、1870年代以降になると、「医学の黄金時代」とよばれる医学・薬学が急速に発展する時代に入りました（→p17）。

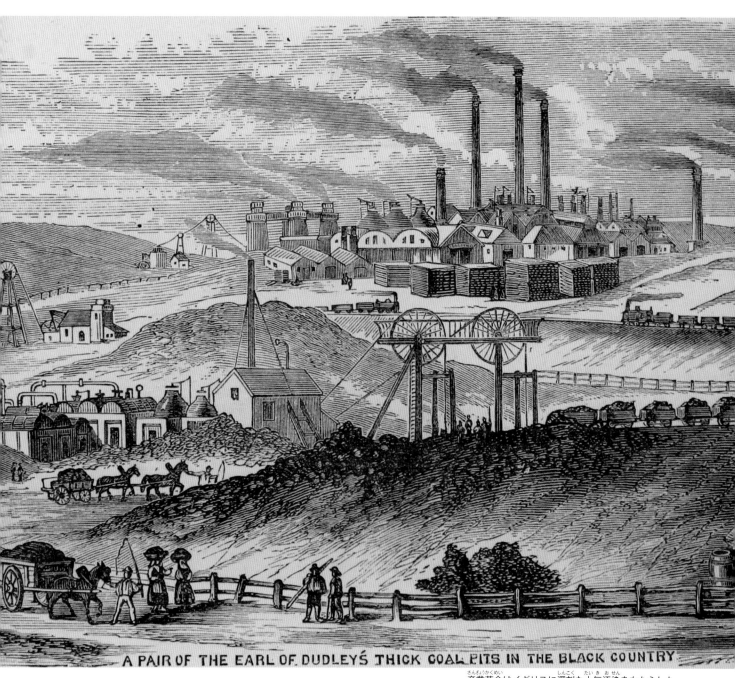

A PAIR OF THE EARL OF DUDLEY'S THICK COAL PITS IN THE BLACK COUNTRY

産業革命はイギリスに深刻な大気汚染をもたらした。

3 病院のはじまり

「病院」とは、病人に医療行為をしたり、収容（入院）したりする施設のことです。多くの場合、その歴史は、キリスト教とかかわっていました。

病院の起源

一説によると、世界初の病院は、トルコのカッパドキア地方にある都市カエサリア（現在のカイセリ）の司教が372年に完成させたものだといわれています（さまざまな説がある）。そこには、病人だけでなく、貧しい人や孤児、捨て子、老齢者などが収容されました。初期の病院は、さまざまな社会問題に対する救済の場であったからです。

ローマ帝国

古代ローマで医療行為をする人（医者）に市民権をあたえたのは、ディクタトゥール（支配者）だったユリウス・カエサル（紀元前100～紀元前44年）だといわれています。結果、ローマ帝国の各地から医者がローマに集まってきました。また、医療が一般化するとともに専門化していき、さらに医療環境が整備されることになります。

そのことは、当時の上下水道の衛生状態を改善しようという動きにもつながりました。

公衆浴場は、人びとがリラックスする場としてだけでなく、医療行為がおこなわれる場でも

世界初の病院を設立したとされるカエサリアのバシレイオス司教。

ありました。病院もつくられました。

一方、313年には「ミラノ勅令」＊が出されてキリスト教が公認されました。また、392年には、キリスト教が国教となりました。

こうしてキリスト教が当時の社会にどんどん浸透していくと、キリスト教精神にのっとった病院が発展していき、また、修道院が病院の役割をはたすようになりました。

＊ミラノ勅令：西ローマ帝国のコンスタンティヌス帝と東ローマ帝国のリキニウス帝の名で公布された、キリスト教を公認する勅令。

イギリスにある古代ローマの公衆浴場の遺跡「ローマン・バス」。

もっとくわしく

病院（びょういん） hospital（ホスピタル）

「病院」の意味の英語 hospital は、「旅人、客、宿の主人」を意味するラテン語の hospes（ホスペス）に由来している。ホテル hotel の語源も同じ。このことは、当初の病院は、病人の治療を目的とする施設というより、宿泊施設だったことを示している。

ヨーロッパのキリスト教世界でもっとも古い病院の１つといわれているフランスのパリにある「オテル・デュー」（650年ご

オテル・デューの正門。

ろ設立）は、当初は教会に付属する宿泊施設だったという。現在はパリ有数の近代的な病院となっているが、病院内には、修道女が病人を介護しているようすを描いた古い時代の絵がたくさん残されている。

１台のベッドに病人が２人ずつ横たわり、修道女が介護している絵。

写真提供：東京都立東部療育センター院長加我牧子

病原体の起源

約46億年前に誕生したといわれている地球上に
微生物が誕生したのは、約35億年前のことで、
人類の出現は、およそ500万年前と考えられています。

病原体の発見

シリーズ①に記したとおり、病原体となる微生物は人類の誕生よりはるか昔から地球上に存在していて、そして、今にいたるまで生きつづけています。

地球ができたころの環境は、生命にとって、現在とくらべものにならないほど過酷でした。そういうなかで生きのびてきた微生物を、あとから地球の主となった人類がやっつけることなど、そもそもできることなのでしょうか。

もとより、ダーウィンが『種の起源』を発表して、地球上の生命が原始生物から高等生物に進化してきたことを説いたのは、1859年のことでした。フランスのパスツールが微生物が病原体となることを発見したのは、1861年のこと。さらにドイツのコッホが、1876年に炭疽菌を、1882年に結核菌を、そして1884年にコレラ菌を連続的に発見しました。また、ノルウェーのハンセンがらい菌を発見したのは、1873年でした。これらはどれも人類の歴史から見てもつい最近のできごとなのです。

もっとくわしく
ルイ・パスツール
（1822〜1895年）

ワインやビールの腐敗を防ぐ研究や、当時南フランスで猛威をふるっていたカイコの病気の研究から、微生物が病原体となることを発見する。その後、弱毒化した微生物を接種することで免疫を得ることができることを発見し、炭疽症や狂犬病のワクチンを発明。同時代に生きたコッホとならんで「近代細菌学の祖」とよばれる。

フランスの細菌学者、ルイ・パスツール。

もっとくわしく
炭疽症

炭疽症は、土の中にいる炭疽菌が家畜やヒトに感染して発症する病気。主な病型には、皮膚炭疽、腸炭疽、肺炭疽がある。多いのは皮膚炭疽で、傷口から体内に炭疽菌が侵入することで感染する。イボ状のできものができて、水ぶくれになり、最後はかたいかさぶた状になる。腸炭疽は、菌で汚染された食肉を食べることで感染し、発熱や吐血、はげしい下痢などの症状が出る。肺炭疽は、菌を吸いこむことで感染し、呼吸困難や嘔吐などを起こす。どの病型でも、治療しないと死亡することがある。

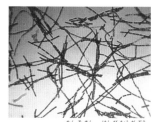

炭疽菌の顕微鏡画像。

ロベルト・コッホ
（1843〜1910年）

　1876年にコッホは、はじめて炭疽菌の分離、および単独で培養することに成功した。さらにそれを動物に接種して炭疽症を起こせること、その病巣部から再び炭疽菌を分離できることを明らかにした。このことからコッホは、1つ1つの感染症には、それぞれに対応した固有の細菌が存在することを発見した。そして、感染症の病原体を特定するときの4つの指針をまとめた。これはのちに、「コッホの4原則」とよばれるようになった。

・コッホの4原則
①一定の病気には一定の微生物が見いだされること。
②その微生物を分離できること。
③分離した微生物を感受性のある動物に感染させて、
　同じ病気を起こせること。
④その病巣部から同じ微生物が分離されること。

　またコッホは、人類を長らく苦しめてきた結核の病原体が結核菌であることをつきとめたが、そのことを学会で発表したのは1882年3月24日だった。その日にちなみ、世界保健機関（WHO）は1997年に、3月24日を「世界結核デー」と制定した。現在もこの日の前後には、世界各地で結核撲滅に向けたさまざまな活動がおこなわれている。

パスツールとならんで「近代細菌学の祖」とされる、ロベルト・コッホ。

病原体と共存

　人類が高等生物になってから長い時間が経過していますが、病原体を発見してからは、まだ200年もたっていません。それでも人類は病原体を地球上から根絶しようとしてきました。事実、根絶できたこともありました。天然痘です。しかし、それは、唯一の成功例です（→p24）。それ以外のかぞえきれないほどある感染症を根絶することはできていません。しかも、どんどん新しいものが出現しているのです。

　じつは、近年「病原体を根絶することはできない」「どのようにしてうまくつきあうか（共存するか）」を考えるしかないといわれるようになりました。

　2020年、新型コロナのパンデミックのなかでは、「ウイズ・コロナ（コロナと共存）」するには、どうすればいいかと、世界中で考えられはじめました。

アルマウェル・ハンセン
（1841〜1912年）

　ノルウェーの医師ハンセンは、「レプロ」「らい」などとよばれていた病気の研究に取りくみ、病気の原因は細菌ではないかと考えるようになる。1873年、患者から「らい菌」を発見。しかし、当初はその発見は学会では受け入れられなかった。当時は、ハンセン病は感染症ではなく、遺伝病だという考えが主流だったからだ。

　しかし、ついに1909年に開かれた国際会議でハンセンの功績が認められた。そして、古くからの病名には偏見や差別などがつきまとっていることから、らい菌の発見者であるハンセンの名前にちなんで「ハンセン病」に改名された。

アルマウェル・ハンセン

4 医学の進歩

かつて天然痘や結核などは「不治の病」といわれてきましたが、人類はついにその正体をつきとめ、さらに医学や薬学を発展させていき、医学の黄金時代に入ります。

細菌の発見

昔は治療が困難だったために「不治の病」とおそれられた病気も、すでにその多くで治療法が確立されてきました。人類を恐怖の底におとしいれていた感染症も、しだいにおさえこむ対策が立てられるようになりました。

そうなったきっかけは、14ページでふれた病原体の発見でした。

1861年にパスツールは、人びとがどんどん発症していく病気には、病原体が引きおこすものがあることを発見。その後も人類は、次つぎに感染症の病原体を発見していきます。コッホの元で学んだ日本人の北里柴三郎は、ペスト菌を発見しました。

●病原体の発見年と発見者

病名	発見年	病原体発見者
ハンセン病	1873年	アルマウェル・ハンセン（ノルウェー）
炭疽症	1876年	ロベルト・コッホ（ドイツ）
マラリア	1880年	シャルル・ルイ・アルフォンス・ラヴラン（フランス）
腸チフス	1880年	カール・エーベルト（ドイツ）
結核	1882年	ロベルト・コッホ（ドイツ）
コレラ	1884年	ロベルト・コッホ（ドイツ）
ジフテリア	1884年	フリードリヒ・レフラー、エドヴィン・クレープス（ともにドイツ）
ペスト	1894年	アレクサンドル・イェルサン（フランス）、北里柴三郎（日本）
赤痢	1898年	志賀潔（日本）
梅毒	1905年	フリッツ・シャウディン、エリッツ・ホフマン（ともにドイツ）

研究室で研究するロベルト・コッホ。

ペスト菌を発見し、「日本の細菌学の父」ともよばれる北里柴三郎。

北里と同時期に独自でペスト菌を発見したアレクサンドル・イェルサン。

医学の黄金時代

感染症という病気は、病原体が原因で発症することは、今ではよく知られています。しかし、病原体が発見される前と後とでは、人類の感染症とのたたかい方に大きなちがいがありました。

病原体が発見されると、それらからどうやって感染するか（感染経路）がわかってきました。そして、不治だった感染症も治療法・予防法ができてきました。

こうした時代は「医学の黄金時代」とよばれ、人類は、「このまま進んでいけば、人類の未来は明るい」とまで思うようになりました。

しかし、その考えがまちがいだったことは、その後のいくつもの感染症のパンデミックにより思い知らされました。

それでも人類は、感染症とたたかいつづけなければなりません。知恵と勇気をもって……。

5 顕微鏡が証明した考え方

イタリアの医師ジローラモ・フラカストロは、感染症は病原体が人間の体の中に入ることで発症するという考え方を世界で最初に発表しました。しかし……。

「微生物学の父」レーウェンフック

感染症は16世紀になってもその正体がわからず、悪い空気などが原因ではないかと考えられていました。

1546年にフラカストロという医師が、病原体についての独自の考えを発表しました。それは、病気は何かが体の中に入ることによって発症するというもの。でも、当時はまったく受け入れられませんでした。

ところが、それから100年以上がたった17世紀後半、彼の説が正しかったことが光学顕微鏡をつかって証明されたのです。

オランダの博物学者アントニ・ファン・レーウェンフック（1632～1723年）が、世界ではじめて光学顕微鏡をつかって1672年に微生物を発見。それをきっかけに彼は、その後もかぞえきれないほど多くの種類の微生物を観察・記録しました。

彼の記録は、病原体を解明するための資料として貴重なものでした。その後、病原体の存在が明確になり、感染症の解明が急速に進んでいきます。なお、彼は、その業績から「微生物学の父」とよばれるようになりました。

アントニ・ファン・レーウェンフック。

レーウェンフックの顕微鏡（レプリカ）。
直径1mm程度の球体レンズがおさまっている小さなもの。

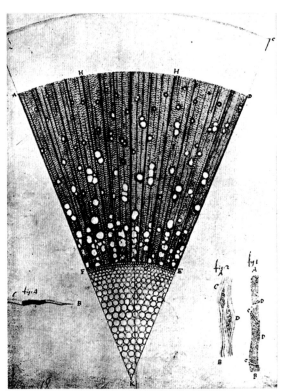

レーウェンフックによる顕微鏡観察スケッチ。
木の幹の断面を観察したもの。

ウイルスもとらえる
電子顕微鏡

顕微鏡の技術はどんどん進歩します。それは、病原体のような小さなものを見たいという人類の欲求に支えられてのこと。とくに病原体の研究にとっては顕微鏡の進化が必要でした。

光学顕微鏡は目に見える光（可視光線）をつかって観察をおこなうため、可視光線の波長（0.5マイクロメートル*）より小さなものは見ることができなかったのです。細菌より小さな病原体を観察するには、もっと波長の短い光源をつかった装置が必要でした。そこで、着想されたのが、光より波長の短い電子をつかうことでした。

1931年、ドイツにあるベルリン工科大学のマックス・クノールとエルンスト・ルスカが電子顕微鏡を発明しました。1933年には、倍率を1万2000倍にまで高めた電子顕微鏡を完成させます。これにより、光学顕微鏡では見ることのできなかったウイルスの観察が可能になりました。

このように人類は、感染症とのたたかいの必要性から、顕微鏡をどんどん進化させていったのです。顕微鏡の発達は人類に希望をもたらしました。

＊1マイクロメートル＝0.001mm

エルンスト・ルスカが開発した電子顕微鏡（レプリカ）。©J, Brew

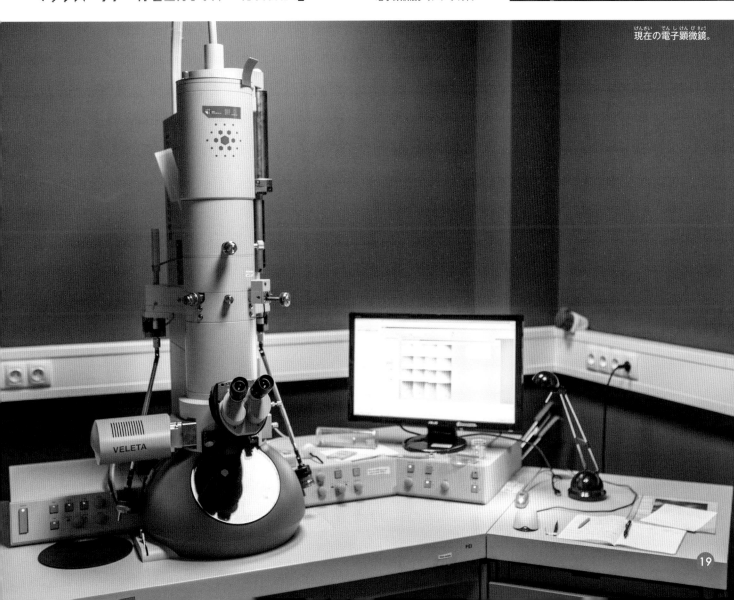

現在の電子顕微鏡。

6 ウイルスの発見と病原体の研究

電子顕微鏡は、病原体のなかで最小のウイルスもはっきりとらえます。
顕微鏡をはじめとするさまざまな科学技術により、病原体のことが
どんどんわかってきています。

1891年に設立されたロベルト・コッホ研究所（設立当初は王立プロイセン感染症研究所）には、
レフラーやフロッシュをはじめとする有名な細菌学者がつとめていた。

細菌よりもはるかに小さいウイルス

　人類は、感染症の病原体の研究を進めるなかで、細菌よりも小さい何かがあると推測します。光学顕微鏡では見えない何かです。

　それがわかったのは、ドイツのレフラーとフロッシュが、牛などの家畜の口蹄疫がウイルスが原因であることを発見したことによります（1889年）。これが「動物ウイルス」の最初の発見だといわれています（「植物ウイルス」はすでに見つかっていた）。ただし、その際、ウイルスは、ウイルスそのものが形として見つかったわけではありませんでした。感染症を起こす、細菌よりもはるかに小さなもの（ウイルス）が存在す

ることが確認されたのです。まもなく、黄熱ウイルス※がヒトの感染症を引きおこす最初のウイルスとして認められました。これを機に人類は、次のように動物ウイルスを発見していきます。

1901年　リードほか：黄熱ウイルス
1908年　エラーマンとバング：トリ白血病ウイルス
1911年　ラウス：ラウス肉腫ウイルス
1915年　トゥールト：バクテリアファージ
　　　　（ブドウ球菌を殺すウイルス）
1917年　デレーユ：バクテリアファージ
　　　　（赤痢菌を殺すウイルス）

　なお、最近では、ウイルスの遺伝子を検出することで、ウイルスを物質として取りあつかうことができるようになっています。

※野口英世は黄熱の研究中に感染して死亡（1928年）。

病原体の種類

病原体のなかでいちばんおそく見つかったのがウイルスです。電子顕微鏡によって、細菌よ

り約20年おくれてその存在が確認されました。
病原体には、小さいものから、ウイルス、細菌、真菌、寄生虫があります。ここで、その特徴をまとめておきます。

• ウイルス

ウイルスは細菌の50分の1程度の大きさで、自分で細胞をもたないため、他の細胞に入りこんで生きていく。ヒトの体にウイルスが侵入すると、細胞の中に入って自分のコピーをどんどんつくらせる。すると、細胞が破裂してたくさんのウイルスが飛びだし、ほかの細胞に入りこむ。こうしてウイルスは増殖する。

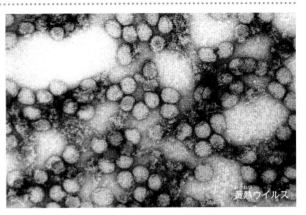
黄熱ウイルス

• 細菌

目で見ることはできない小さな生物（微生物）で、1つの細胞からできている。栄養源さえあれば、細胞を分裂させ、自分と同じ細菌を複製して増えていく。ヒトの体内に侵入して病気を起こす有害な細菌（大腸菌、結核菌、コレラ菌など）もあれば、ヒトの生活に有益な細菌（納豆菌など）もある。

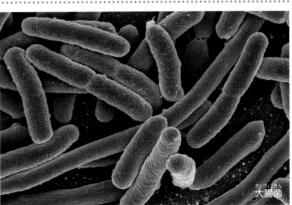
大腸菌

• 真菌

カビの仲間で、大きさは一般に、細菌より大きく、寄生虫より小さい。ヒトの細胞に付着して、菌糸や胞子を広げて、キノコのように増殖する。身近な真菌感染症として、白癬菌という糸状菌が皮膚に付着して発症する水虫がある。水虫の発生率は、あらゆる感染症のなかで非常に高いといわれている。

白癬菌

• 寄生虫

ヒトや動物の表面や体内にとりついて（寄生して）、栄養をうばいとる生物のこと。単細胞の寄生虫を「原虫」とよぶ。ヒトに感染症を引きおこす寄生虫には、回虫やぎょう虫、フィラリアなどがある。原虫にはマラリアを引きおこすマラリア原虫がある。感染を媒介するノミやシラミ、ダニなども寄生虫にふくまれる。

コロモジラミ
©国立感染症研究所

7 ワクチン・薬の開発

病原体が発見され、ワクチンや薬が開発されると、医学・薬学が急速に進歩します。不治だった感染症の治療法・予防法がしだいに確立しはじめました。

天然痘のワクチン誕生！

イギリスの医師エドワード・ジェンナー（1749〜1823年）は、牛の乳しぼりをする女性たちが天然痘にかからないことを不思議に思い、調べていくうちに、女性たちが「牛痘」という病気のウイルスにすでに感染していることがわかったのです。

「牛痘」とは、天然痘に似たウイルスが引きおこす牛の病気のこと。ヒトにも感染しますが、発症しても症状が軽いことから、ジェンナーはあらかじめ牛痘のウイルスを接種すれば、天然痘の発症を防げるのではないかと考えました。こうして1796年につくられたのが、天然痘のワクチン（種痘）でした。当初は、牛痘を接種することに抵抗を感じる人が多く、ジェンナーは種痘を広めるのに苦労しました。

人類はその後、19世紀に狂犬病のワクチン、20世紀前半には、ジフテリア、結核、破傷風、ポリオ、百日ぜき、黄熱など、おもな感染症に効果のあるワクチンを次つぎにつくりあげました。

20世紀に入ると、感染症の広がるしくみ（感染経路）、治療法・予防法についての重要な発見があいつぎ、「医学の黄金時代」（→p17）に入っていくのです。

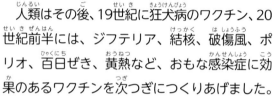

種痘を受けると牛になると心配する人を描いた絵。

種痘をうつジェンナー。

生ワクチンと不活化ワクチン

感染症にかかると、体の中で新たに外から侵入する病原体を攻撃するしくみ（免疫）ができます。このしくみを利用したのが「ワクチン」です。ワクチン接種で、まれに熱や発疹などの副反応がみられますが、実際に感染症にかかるよりも症状が軽いことや、まわりの人にうつすことがない、という利点があります。

ワクチンは、感染の原因となるウイルスや細菌をもとにつくられていて、大きく「生ワクチン」と「不活化ワクチン」に分けられます。

- 生ワクチン：病原体となるウイルスや細菌の毒性を弱めて病原性をなくしたものを原材料としてつくられる。免疫持続時間が長いというメリットがあるが、副反応を発症させる可能性がある。
生ワクチンの例：BCG、麻疹、おたふくかぜ、天然痘（根絶されたため、現在は実施されていない→p24）

- 不活化ワクチン：病原体となるウイルスや細菌の感染能力を失わせたものを原材料としてつくられる。副反応が少ない点がメリットだが、生みだされる免疫力が弱いため、1回の接種では十分ではなく、何回か追加接種が必要。
不活化ワクチンの例：インフルエンザ、狂犬病、百日ぜき

晩年のアレクサンダー・フレミング。

ペニシリンとストレプトマイシンの発見

アレクサンダー・フレミング（イギリスの医者）は1928年、ブドウ球菌の培養中に偶然カビの胞子が落ちて、その周囲のブドウ球菌がとけたように消滅するのを発見。その後彼は、アオカビを培養してつくった液に抗菌物質がふくまれることを確認し、その液を「ペニシリン」と名づけました（1929年）。その後、フローリーとチェインという2人の研究者が、感染症の治療薬としてペニシリンの大量生産に成功しました（1940年）。3人は、この業績により、1945年、ノーベル生理学・医学賞を受賞しました。

ペニシリンの発見後、アメリカの科学者ワックスマンは、結核菌（ペニシリンの効かない病原体）に対する抗生物質を1943年に発見（共同発見者には弟子のシャッツがいるといわれている）。それが「ストレプトマイシン」とよばれるもので、1946年にはストレプトマイシンの結核菌に対する効果を発表しました。ワックスマンは、1952年、フレミングと同じくノーベル生理学・医学賞を受賞しました。

病原体が発見されたことをきっかけにして、人類は、感染症の治療薬を次つぎにつくっていきました。

ウクライナ出身でユダヤ系アメリカ人の科学者、セルマン・エイブラハム・ワックスマン。

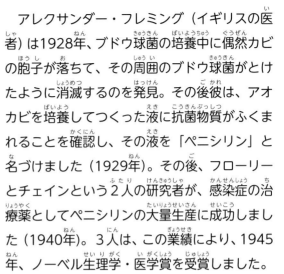

8 WHOの天然痘の根絶宣言

WHOは、1980年5月、天然痘の世界根絶宣言をおこないました。
それ以降これまでに世界中で天然痘患者は発生していません。

根絶まで

人類は天然痘の診断方法を確立することができました。次がその概要です。

血液、唾液、水疱・膿疱内容物、かさぶたなどを検査材料としてウイルスを取りだし、光学顕微鏡や電子顕微鏡により、ウイルスを観察し、診断する。

根絶に向けた作戦は、「患者を見つけだし、患者周辺の人に種痘をおこなう」というものでした。

こうして天然痘は、1977

年にアフリカのソマリアで発生したのが最後となりました。その後2年間の監視期間を経て、1980年5月、世界保健機関（WHO）は天然痘の世界根絶宣言をおこないました。その後も現在まで発生していません。

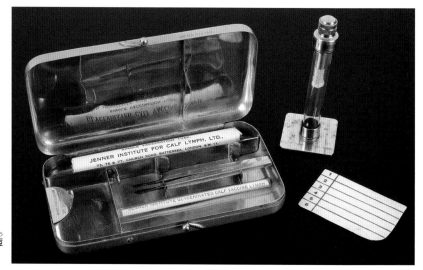

1900年当時つかわれていた天然痘ワクチン接種セットの見本。

1980年、アメリカ疾病予防管理センター（CDC）において、天然痘根絶計画の元理事3人が、天然痘が地球規模で根絶されたという朗報を読んでいるところ。

新興感染症・再興感染症に対抗

　天然痘の根絶宣言が出されたのち、一時は「感染症はもはや人類の脅威ではない」などと考えられました。

　ところが、そのWHOの宣言と前後して、1976年には「エボラ出血熱」、1981年にAIDS（後天性免疫不全症候群）が出現します。それ以降も、少なくとも30の感染症が新たに発見されてきました（新興感染症）。

　一方、結核やマラリアなどは、近い将来、天然痘のように根絶できるのではないかと考えられていましたが、再び大流行のきざしが出ています（再興感染症）。

　アメリカでは近年、「ウエストナイル熱」が急速に拡大していますが、それはほんの一例で、さまざまな感染症が再び脅威となりはじめているのです。「感染症はもはや人類の脅威ではないなどというのは、勘違いもはなはだしい」という状況になっています。それでも人類は感染症とたたかいつづけていかなければなりません。

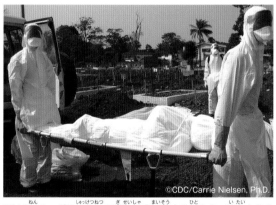

2015年のエボラ出血熱の犠牲者を埋葬する人たち。遺体からも感染する可能性があり、埋葬の際も防護服が必要。
©CDC/Carrie Nielsen, Ph.D.

もっとくわしく　ウエストナイル熱

　ウエストナイル熱は、ウイルスをもつ蚊にさされることで感染し、発熱やはげしい頭痛，筋肉痛などをきたす感染症。1937年にアフリカのウガンダのウエストナイル地方で最初に発症者が確認されたことから、この病名がついた。ウイルスが脳に入ると、重い症状のウエストナイル脳炎になることもある。

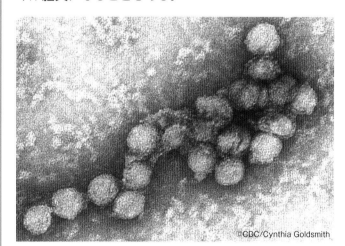

ウエストナイルウイルス
©CDC/Cynthia Goldsmith

もっとくわしく　エボラ出血熱

　エボラ出血熱は、エボラウイルスを病原体とする非常に致死率が高い感染症。1976年にアフリカのザイール（現在のコンゴ民主共和国）のエボラ川流域で最初の発症者が確認されたことから、この病名がついた。発症者の血液や唾液、汗、排せつ物にふれると、皮膚の傷口や粘膜から感染する。感染すると、2〜3日の潜伏期間のあと、突然の高熱、強い脱力感、筋肉痛、頭痛、下痢などの症状があらわれる。一部の患者は、口や鼻、腸などから出血を起こし、死にいたる。

エボラウイルス

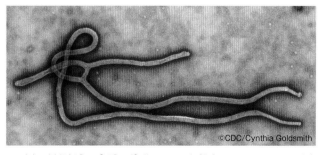

©CDC/Cynthia Goldsmith

9 全人類の知恵と勇気

2020年の新型コロナのとのたたかいでは、人類は医学・薬学、科学技術などの知恵を総動員。ワクチンや薬の開発を急いでいます。しかも、それだけではありません。

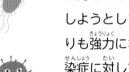

人類の知恵を結集して

人類は全人類の知恵を結集して、新興感染症に対しても、すぐに有効なワクチンや薬を開発しようとします。一方、以前に流行したときよりも強力になって人類の前にあらわれる再興感染症に対しても、有効なワクチンや薬を次つぎにつくっていきます。

2020年にパンデミックを起こした新型コロナに対しては、世界の国ぐにがきそってワクチンや薬の開発にのりだしました。

2020年夏現在では、まだ、完成していませんが、新型コロナの出現からわずか6か月で、ワクチン開発の可能性が見えてきたといわれています。

世界中の国が新型コロナのワクチン開発に取りくんでいる。写真：AP/アフロ

これも人類の知恵

人類の感染症とのたたかい方は、ワクチンや薬の開発だけではありません。2020年、新型コロナの感染拡大を防ぐために世界中でおこなわれているのが、「ソーシャルディスタンス（ディスタンシング）」と「テレワーク」です。

・ソーシャルディスタンス

「ソーシャルディスタンス」は「社会的距離」で、「ソーシャルディスタンシング」は、「社会的に距離をとること」の意味。

社会のあらゆる場で人と人とが距離（2m以上）をおくという感染拡大を防ぐ対策。政府が、ソーシャルディスタンスを国民に求めた。これは日本にかぎらず、世界中でさけばれた。そうしたなか、マクドナルドや自動車メーカーのアウディは、会社のロゴマークをはなして示し、ソーシャルディスタンスの重要性をアピールした。

ソーシャルディスタンスをよびかけて形をかえるアウディのロゴマーク。

ショッピングセンターが張りだした、ソーシャルディスタンスを守ってもらうためのポスター。

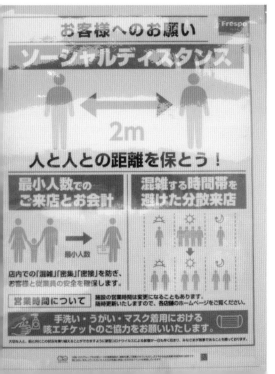

・テレワーク

「テレワーク（telework）」とは、「はなれた（tele）」と「仕事（work）」をかけあわせた言葉。会社にいかずに、インターネットなどを活用して、自宅や好きな場所で仕事をする働き方。

どちらも人類の知恵。しかし、それらは、新しいことではありません。昔から、感染症が流行すれば、患者を隔離してきました。ソーシャルディスタンスは、その考えと同じことです。一方のテレワークは、新しい働き方といわれていますが、人類は、もともとはなれて働いていました。それを、産業革命後、都市に集まって、どんどん密になって働くようになってきたのです。

このように感染症対策によって、新たな働き方にかえようとしているのが、2020年の世界のようすです。

日本では、これまでテレワークをおこなう企業は2割程度でしたが、新型コロナウィルスの影響により、半分近くが導入。テレワークにより、子育てや介護、病気などのために、会社にいることができない人も仕事ができるようになるといわれています。

新しい働き方となったテレワーク。

写真で見る世界の医療従事者

2020年の新型コロナ（COVID-19）のパンデミックで見のがせないのが、
世界各国の医療従事者の命がけの仕事ぶりです。
世界の医療従事者のたたかいのようすを写真で見てみましょう。

感謝と期待

　医療従事者の命がけの仕事ぶりが、全世界の人の心に響いています。感染をおそれずに医療行為に全力をつくすすがたは世界中に見られたのです。こうした勇気がかならず新型コロナのパンデミックを終わらせると、期待されています。

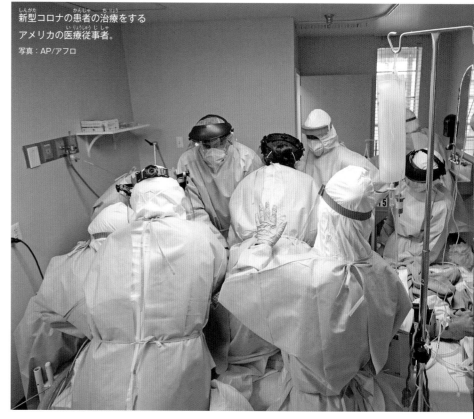

新型コロナの患者の治療をする
アメリカの医療従事者。
写真：AP/アフロ

ポルトガル語で「COVID-19に打ち勝った」
と書かれた紙をもつブラジルの親子と医療
従事者。写真：AP/アフロ

新型コロナによる同僚の死を悼むスペインの医療従事者。写真：AP/アフロ

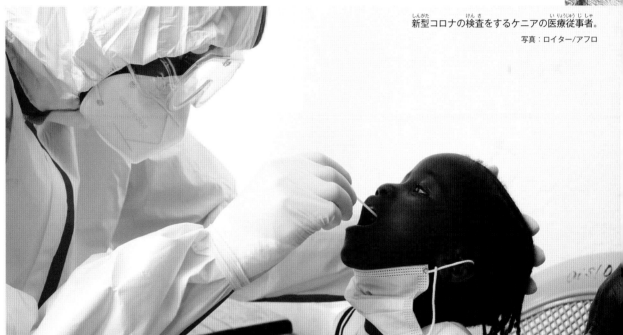

新型コロナの検査をするケニアの医療従事者。

写真：ロイター/アフロ

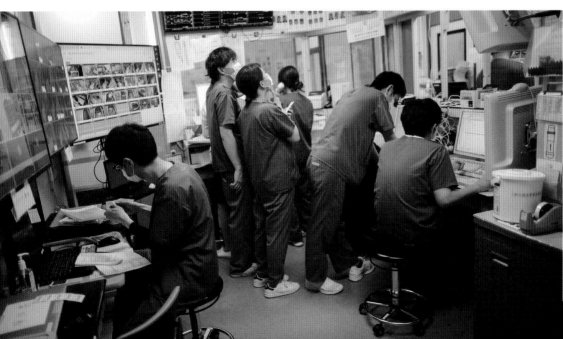

新型コロナの患者を
モニターなどで確認
する、ICU（集中治
療室）で働く日本の
医療従事者。

写真：ロイター/アフロ

感染症とSDGs

「SDGs」とは、
すべての人（人類）が生きていくうえでの目標のこと。
2015年に国連の全加盟国が賛成して決定されたものです。

目標は全部で17個

SDGsとよばれる目標を達成する取りくみは、現在、世界中に広まっています。日本でも政府や企業、NPOなどが、目標達成のためにさまざまなことをおこなうようになってきました。

ところが、その矢先に新型コロナのパンデミックが発生。SDGsの目標3に「すべての人に健康と福祉を」がかかげられ、その具体的な目標（ターゲット）として「感染症をなくすこと」が明記されているにもかかわらず、なくすどころか、その脅威にさらされているのです。それでも、人類は感染症とのたたかいに勇気をもっていどんでいきました。

新型コロナのパンデミックでSDGsを考える

2020年の新型コロナのパンデミックとのたたかいは、人類すべての人にかかわらざるを得ません。そうしなければ人類のだれひとりとして命の安全は保障されない。これは、とてもはっきりしていました。

ところが、SDGsのゴール（目標）のなかには、達成のためにどうすればよいのかよくわからないものがたくさんあります。しかも、国連が決めた目標であることから、個人とは関係のない遠いことのように感じてしまい、SDGsに真剣に取りくむ気持ちになれない人も多くいます。

こうしたなかで、新型コロナのパンデミックは、SDGsを考えるとてもよいチャンスだといえるのではないでしょうか。

なぜなら、世界中の人たちが感染症に対して自分のこととしてたたかうのと同じように、地球温暖化やマイクロプラスチックなどの問題に対しても、自分の問題として取りくんでいけば、解決できないことではないといえるからです。

SUSTAINABLE DEVELOPMENT GOALS

この本の最後は、
感染症とのたたかいのなかで、
すべての人類の目標
SDGsについて考えることを
提案させてもらいます。

さくいん

■監修

山本 太郎（やまもと たろう）

1964年生まれ。長崎大学熱帯医学研究所・
国際保健学分野 教授。
著書：『感染症と文明ー共生への道』（岩波新書）など多数。

■著者

稲葉 茂勝（いなば しげかつ）

1953年生まれ。子どもジャーナリスト
（Journalist for Children）。
著書：『SDGsのきほん　未来のための17の目標』全18巻
（ポプラ社）など多数。

■編集

こどもくらぶ（石原尚子、根本知世）
あそび・教育・福祉・国際理解の分野で、子どもに関する書籍を企画・編
集している。

■デザイン

こどもくらぶ
佐藤道弘

■企画制作

（株）今人舎

■写真協力

© joyphoto.com
© Dennis Jarvis
© D. Herdemerten
© Wellcome Collection
© Misko3
© Diliff
© Jeroen Rouwkema
© Akademie věd České republiky /
Czech Academy of Science
© Mr. ちゅらさん
© Science Museum

［大扉］
AP/アフロ
［表紙］
メイン写真：ロイター/アフロ

この本の情報は、特に明記されているもの以外は、
2020年8月現在のものです。

ウイルス・感染症と「新型コロナ」後のわたしたちの生活　②**人類の知恵と勇気を見よう！**

2020年10月30日　初 版

NDC493　32P　28×21cm

監　修　山本 太郎
著　者　稲葉 茂勝
編　集　こどもくらぶ
発 行 者　田所 稔
発 行 所　株式会社 新日本出版社
　　　　　〒151-0051　東京都渋谷区千駄ヶ谷4-25-6
　　　　　電話　営業03-3423-8402　編集03-3423-9323
　　　　　メール　info@shinnihon-net.co.jp
　　　　　ホームページ　www.shinnihon-net.co.jp
振　替　00130-0-13681
印　刷　亨有堂印刷所　　製本　東京美術紙工

ウイルス・感染症と「新型コロナ」後のわたしたちの生活

全6巻

監修／**山本太郎** 長崎大学熱帯医学研究所国際保健学分野教授

著／**稲葉茂勝** 子どもジャーナリスト Journalist for Children

NDC493　各32ページ

『ウイルス・感染症と「新型コロナ」後のわたしたちの生活』

第1期　①**人類の歴史から考える！**

②**人類の知恵と勇気を見よう！**

③**この症状は新型コロナ？**

第2期　④**「疫病」と日本人**

⑤**感染症に国境なし**

⑥**感染症との共存とは？**